ENSEÑA A TUS HIJOS A CONTAR EN UN DIA!

NUMEROS CON ANIMALES DIVERTIDOS

CLAUDIA MOLINA

1

UNO

DOS

TRES

CUATRO

SIETE

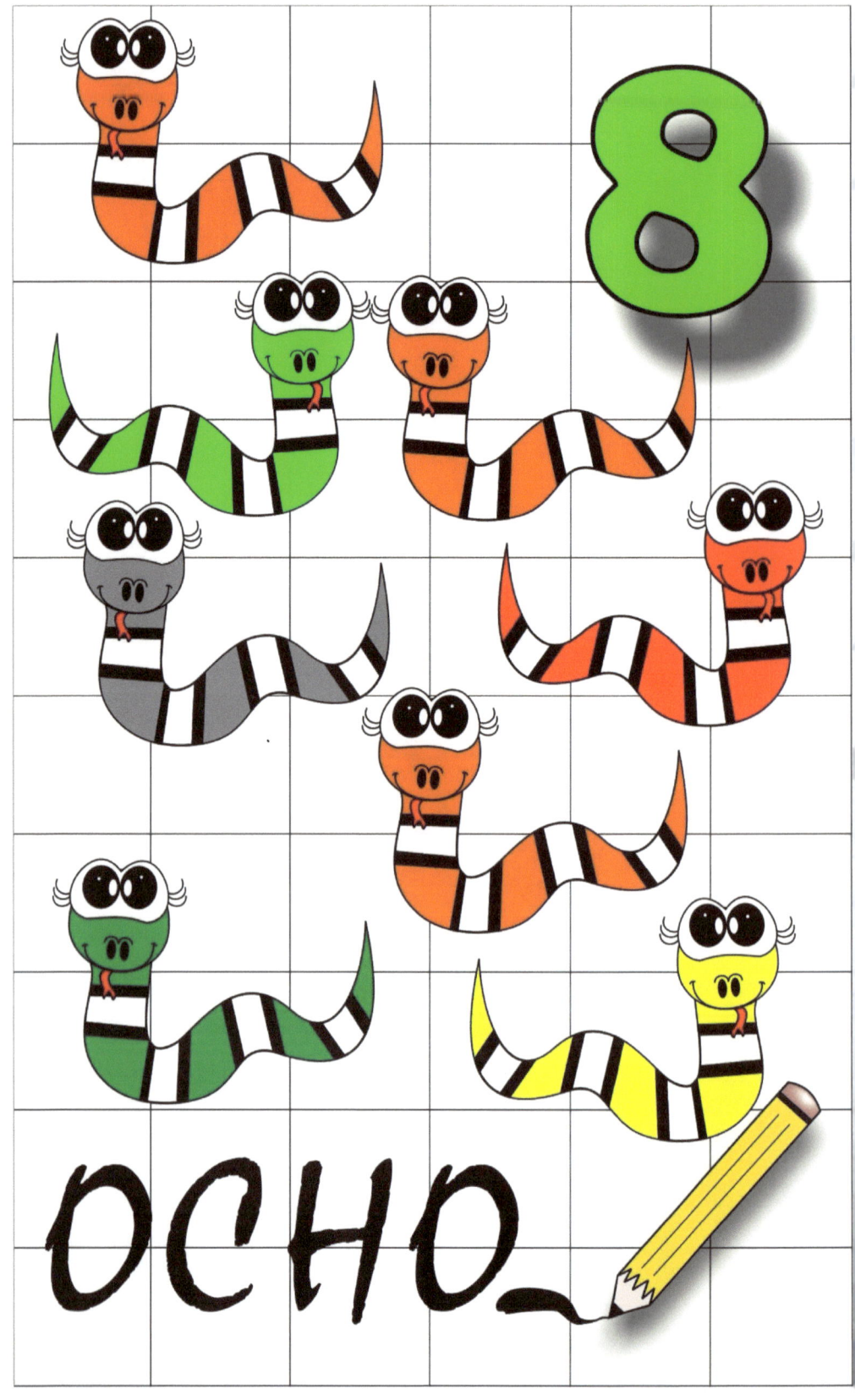

OCHO

NUEVE

DIEZ

TRECE

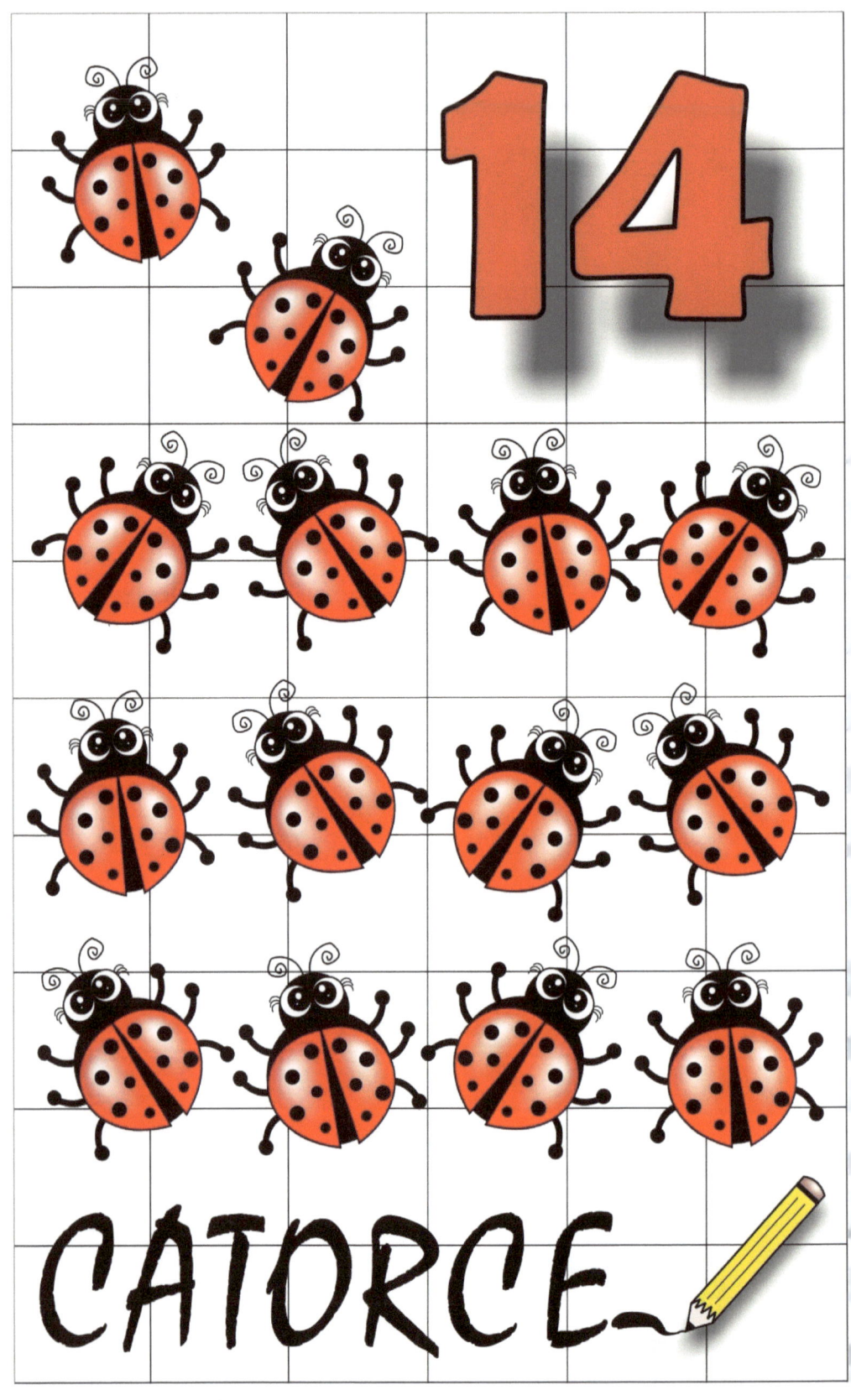

CATORCE

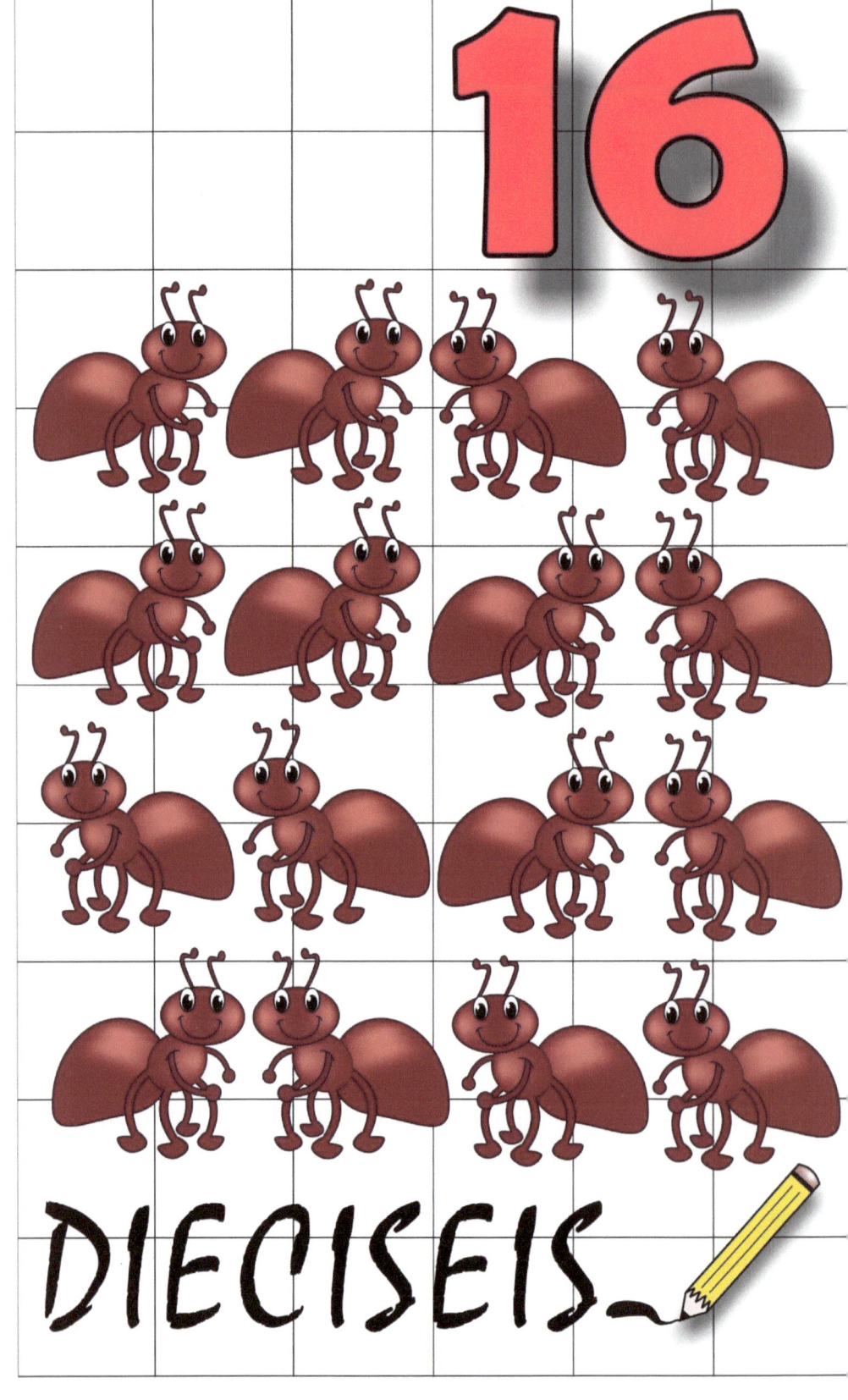

DIECISIETE

DIECIOCHO

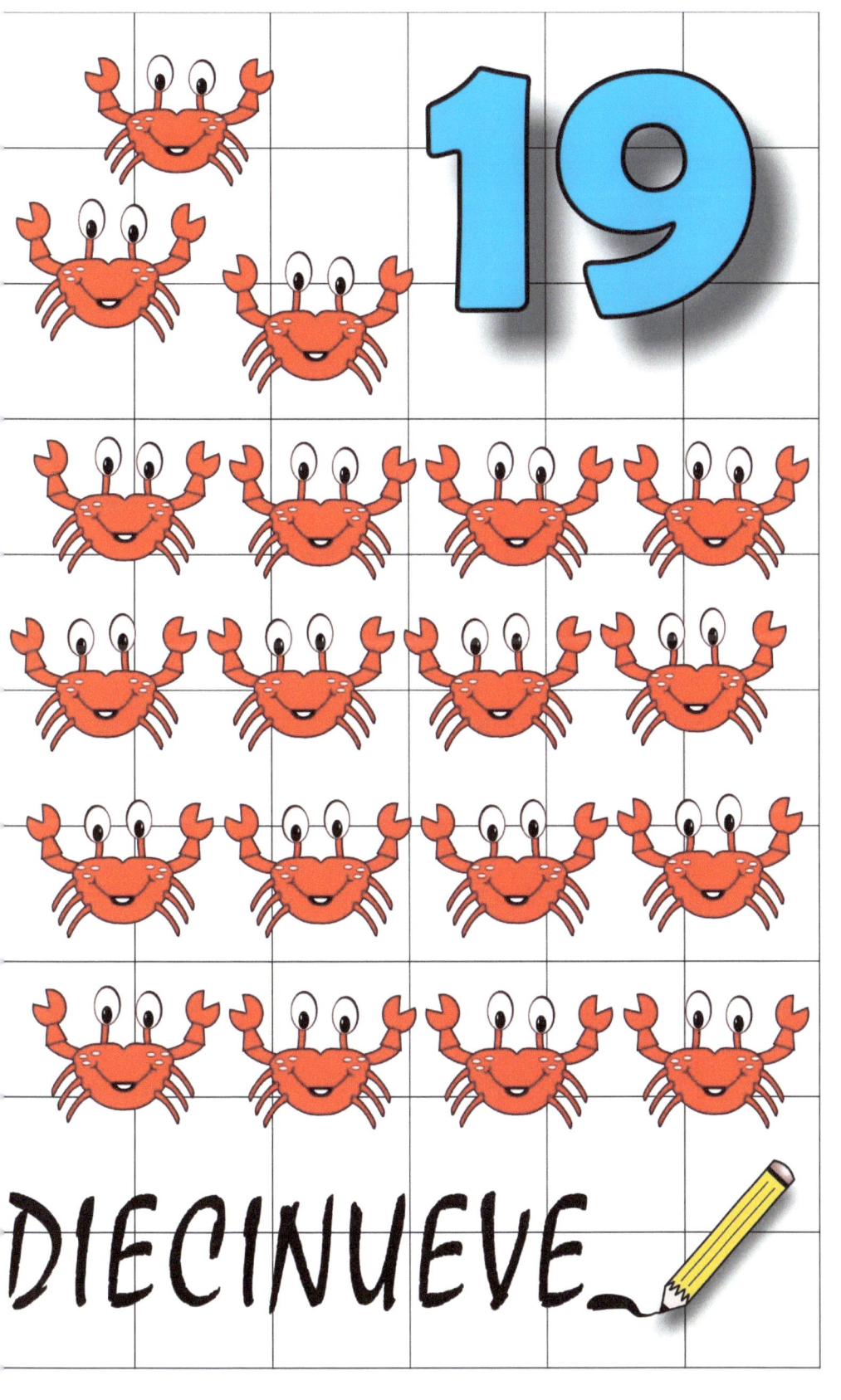

DIECINUEVE

VEINTE

1 2 3 4 5

6 7 8 9

10 11 12 13

14 15 16

17 18 19

20

www.ingramcontent.com/pod-product-compliance
Lightning Source LLC
Chambersburg PA
CBHW041617180526
45159CB00002BC/894